居民环境健康素养知识手册

昆明市生态环境科学研究院 编

云南科技出版社
·昆 明·

图书在版编目（CIP）数据

居民环境健康素养知识手册 / 昆明市生态环境科学研究院编 . -- 昆明 : 云南科技出版社 , 2024. 7.
ISBN 978-7-5587-5747-1

Ⅰ. X82-62

中国国家版本馆 CIP 数据核字第 20249EF018 号

居民环境健康素养知识手册

JUMIN HUANJING JIANKANG SUYANG ZHISHI SHOUCE

昆明市生态环境科学研究院　编

出 版 人：温　翔
策　　划：李　非
责任编辑：张　朝　龚萌萌
封面设计：云璞文化
责任校对：秦永红
责任印制：蒋丽芬

书　　号：ISBN 978-7-5587-5747-1
印　　刷：云南金伦云印实业股份有限公司
开　　本：889mm × 1194mm　1/32
印　　张：3
字　　数：75 千字
版　　次：2024 年 7 月第 1 版
印　　次：2024 年 7 月第 1 次印刷
定　　价：36.00 元

出版发行：云南科技出版社
地　　址：昆明市环城西路 609 号
电　　话：0871-64114090

编委会

昆明市生态环境科学研究院　编

前言

环境健康素养指公民认识到生态环境的价值及其对健康的影响，了解生态环境保护与健康风险防范必要知识，践行绿色健康生活方式，并具备一定保护生态环境、维护自身健康的行动能力。随着生态文明建设的深入推进，为进一步增强公众环境与健康意识、倡导绿色健康生活方式，引导公民正确认识人与自然的关系，树立环境与健康息息相关的理念，动员公众力量保护生态环境、维护身体健康，有必要系统普及相关理念、知识、行为和技能。生态环境部将居民生态环境与健康素养提升纳入“美丽中国，我是行动者”主题实践活动和相关行动计划。本书从环境健康素养基本理念、基本知识、基本行为和技能及环境健康案例四个方面出发，全面介绍环境健康素养知识，促进形成自觉自律的绿色低碳行为和健康生活方式，推动健康中国、美丽中国和生态文明建设。

目录

第一章　基本理念

第二章　基本知识

（生活中哪些环境因素会对人类健康产生影响）

第三章　基本行为和技能

第四章 《公民生态环境行为规范十条》

第一章 基本理念

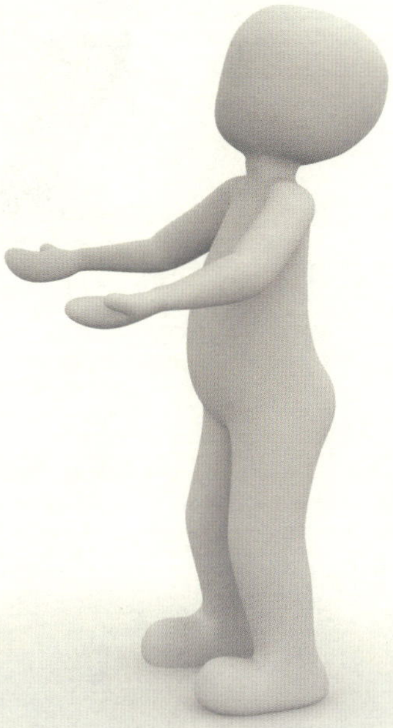

良好的生态环境

环境与健康的关系

第一节　良好的生态环境

什么是良好的生态环境

良好的生态环境是指自然界中物种和自然界之间的相互作用和相互依存关系形成的生态系统，包括水、空气、土壤、气候等方面。良好的生态环境能够提供物质和能量，维持各种生态系统的生存和发展，对于人类的生产、生活和健康有着重要的意义。

生态环境包括的内容

生态环境是指地球上各种生物和非生物要素之间相互作用所形成的综合系统。

自然生态系统，如森林、湿地、海洋和草原等；生物多样性，包括物种的多样性、遗传的多样性和生态系统的多样性；环境质量，包括空气质量、水质、土壤质量和噪声等；气候变化和气候适应能力；资源利用和循环利用，如能源、水资源和物质循环；环境污染和污染物治理，如大气污染、水污染和土壤污染等；生态修复和生态保护，包括退化土地的恢复和保护区的管理等。

自然生态系统

包括森林、湿地、海洋、草原、河流、湖泊等各种自然环境。这些生态系统提供了物种栖息地、食物链和生态过程，维持了生物多样性和生态平衡。

生物多样性

指地球上不同物种的多样性，包括植物、动物、微生物等。保持生物多样性对于生态系统的稳定和可持续发展至关重要。

环境质量

涵盖空气质量、水质、土壤质量和噪声等方面。这些因素对生物的生存和健康产生重要影响。

气候变化和气候适应能力

气候变化是当前全球面临的重大挑战之一，生态环境需要具备适应和缓解气候变化的能力。

资源利用和循环利用

包括能源、水资源和物质循环。合理利用资源和推行循环经济是维护生态环境可持续发展的重要手段。

环境污染和污染物治理

大气污染、水污染、土壤污染等问题对于生态环境和人类健康造成严重威胁，需要采取有效措施进行治理和防控。

生态修复和生态保护

生态修复和生态保护指对退化的生态系统进行恢复和保护，包括土地治理、生态恢复工程和自然保护区的建设与管理等。

生态环境是一个复杂而综合的概念，涵盖了自然生态系统、生物多样性、环境质量、气候变化、资源利用、环境污染、生态修复和生态保护等众多方面。保护和改善生态环境是人类共同的责任和使命，以实现可持续发展和人与自然和谐共存。

保护生态环境的重要性

多年的实践证明，人类改造自然、发展生产，必须同时注意自然界的“报复”。环境保护工作就是要以政策、法律等形式作出具体规定，并尽力实施这些规定，否则人类的生存环境就会遭到破坏。

自然资源的破坏，有的要几十年、上百年才能恢复，有的则难以逆转。尽管人类正在采取许多局部性保护措施，但一些珍贵动植物还在继续走向灭绝。

实践还证明，生产建设和生态平衡之间的关系是否协调是经济建设中的战略性问题。国民经济各部门的比例关系失调，花几年工夫就可以调整过来。而生态平衡遭到破坏，没有十几年、几十年，甚至上百年的时间是难以调整过来的。

保护生态环境的意义

随着我国经济的发展，有效利用能源、减少环境污染、降低安全生产事故频次，防止突发环境事件，确保生命安全的重要性日益凸显。制定并执行环保政策和措施，旨在保护环境的同时改善人民的生活，已经成为我国民生工程的关注点。保护环境不仅关乎人们的生存环境，也影响着经济发展。

环境保护就是研究和防止由于人类生活、生产建设活动使自然环境恶化，进而寻求控制、治理和消除各类因素对环境造成的污染和破坏，并努力改善环境、美化环境、保护环境，使它更好地适应人类生活和工作需要。

换句话说，环境保护就是运用环境科学的理论和方法，在更好地利用自然资源的同时，深入认识污染和破坏环境的根源及危害，有计划地保护环境，预防环境质量恶化，控制环境污染，促进人类与环境协调发展，提高人类生活质量，保护人类健康，造福子孙后代。

人生活在自然环境中，所以自然环境是人类生存的基本条件，是发展生产、繁荣经济的物质源泉。如果没有地球这个广阔的自然环境，人类将不能再生存和繁衍。

随着人口的迅速增长和生产力的发展，科学技术的突飞猛进，工业及生活排放的废弃物不断增多，从而使大气、水质、土壤污染日益严重，自然生态平衡受到了猛烈的冲击和破坏，许多资源日益减少，并面临着耗竭的危险；水土流失、土地沙化也日趋严重，粮食生产和人体健康受到严重威胁，所以，维护生态平衡，保护环境是关系到人类生存、社会发展的根本性问题。

中国环保价值链，在整个国民经济中具有显赫的地位，但是环境污染问题，在发展国民经济建设时是不容懈怠和轻视的；提升环保的政策力度，从而更好地采取治理措施手段应对突发环境事故，是当前迫在眉睫的任务。

我们可以借鉴国际最佳实践和企业成功经验，从而进一步推动中国的可持续发展，发展国民经济建设时要把保护环境放在首要位置。

提升地方政府和企业的环保意识和能力，是中国可持续发展战略的重要组成部分，在各地区区域性经济发展中，已经注意到了本位主义和牺牲环境为代价所带来的恶果，开展清洁生产，以促进企业的认知和意识，以环保促进当地社区、工业、价值链、买方市场的综合效益，相关经验已作为成功案例，为

中国企业的环保工作提供了宝贵经验。

改善人民的生活，而不危及后代人的利益，政府和业界应制定和实施更加严厉的清洁生产、高效利用自然资源等法规和政策，以减少对中国本土、人类环境的污染。

国家的环境保护问题，包括环境污染的防治与控制、自然生态保护、核安全监管、环境安全保护等，政策应当先行。执行环境保护的法律法规，也应当充分利用经济杠杆策略，改变过去比较注重经济份额的做法，应迅速转为对国家法规和政策执行力的考核，以实现真正意义上的促进人与自然的和谐共生过程。

第二节 环境与健康的关系

良好的生态环境是人类健康生存和发展的基础

“生态兴则文明兴，生态衰则文明衰。”

生态环境是人类健康生存的根基，也是人类走向未来的依托。

人类活动常常在无意中给生态环境带来压力，如对食物、能源和水资源日益增长的需求，造成了污染、资源枯竭、森林退化、海洋环境恶化以及生物多样性减少等后果，进而危及自身的健康和可持续发展。

绿水青山就是金山银山

人类只有一个赖以生存的地球，必须树立尊重自然、顺应自然、保护自然的生态文明理念，增强绿水青山就是金山银山的意识，坚持人与自然和谐共生，才能保障人类的健康生存和可持续发展。

环境与健康息息相关

“绿水青山不仅是金山银山，也是人民群众健康的重要保障。”作为人类赖以生存和发展的物质基础，环境为人类提供了繁衍与发展所需要的营养物质和生活、生产场所。

环境中有诸多人类生存所必需的要素，如清洁的空气、水、土壤和安全的食物，适宜的气候，丰富多样的生物圈等。清洁、舒适、安静、优美的自然环境，带给人们美的享受、满足人类更高层次的需求，是公众福利资源。

健康是人类最宝贵的财富之一，而环境作为我们生存的基本需求，对健康产生着深远的影响。

在当今社会，随着城市化和工业化的快速发展，人们生活的环境也发生了巨大的变化，这不仅改变了我们的生活方式，还直接影响了身体健康。

环境中既有诸多人类生存所必需的有利因素，也存在对健康不利的因素，如严寒酷暑等恶劣的气候条件，土壤和生活饮用水中某些微量元素含量异常等。

健康的维持与疾病的发生是外在环境因素与人体内在因素相互作用的结果，环境中物理、化学和生物等因素的影响不容忽视。

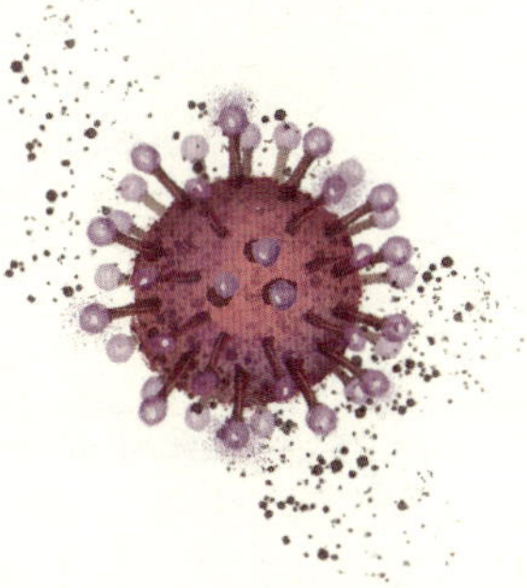

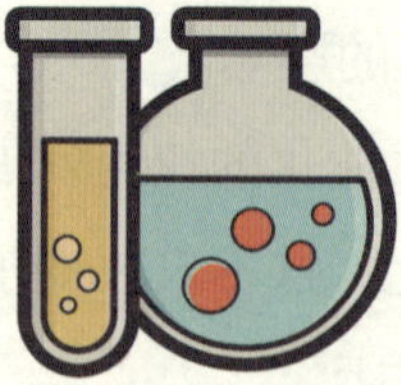

以环境化学因素为例，既包括维持人类生存和健康所必需的各种化学物质，也包括人类生产和生活过程中排放的有毒有害化学物质。

环境污染和生态破坏是影响健康的重要风险因素

环境污染可对生态系统造成直接的破坏和影响，既能间接危害人类社会，也能直接威胁公众健康。在长期进化发展过程中，人类已经具备了一定的调节能力以适应环境的变化。

但是，人们在利用和改造环境为其发展提供有利条件的过程中，如对环境造成污染和破坏超过一定程度或范围，就会对人类健康产生危害，引发疾病甚至导致死亡。

近百年来，全世界已发生多起环境污染危害公众健康的公害事件，如英国伦敦烟雾事件、美国洛杉矶光化学烟雾事件、日本水俣病事件、日本痛痛病事件等，均造成了巨大的生命财产损失。

环境与健康安全不存在“零风险”

环境健康风险的大小由危害的可能性和暴露水平共同决定，也与个体敏感性密切相关。风险是可变的，一方面，即使是毒性较高的化学物质，如果不密切接触、不让其进入人体或生态环境，就不必担心其健康风险；另一方面，即使那些被认为是无害的化学物质，在暴露水平累积到一定程度时，也可能给健康带来危害。

绝对安全的“零风险”在任何情况下都是不可能实现的，风险决策是风险大小和收益之间的平衡。我们不可能将环境中的污染物或有害因素完全消除，只能尽量将风险控制在相对安全的范围内，使之对环境和健康的影响处于可接受水平。

防范环境健康风险要以预防为主

预防为主

环境污染或生态破坏发生后再治理或恢复，需要付出更大的代价，有些生态破坏甚至不可再恢复。

鉴于环境污染对健康的影响具有暴露水平低、潜伏期长、影响因素多等特点，多呈慢性渐进性发展，早期不易察觉，一旦出现较为明显的症状时，往往已造成不可逆转的损害。事前预防，从源头控制污染形成，防范环境污染带来的健康风险，是最具效率和效益的选择；采取措施避免或减少与环境危险因素的接触，比事后补救更为重要。

良好的行为习惯能减少环境污染、降低健康风险

树立良好的生态价值观，增强节约能源、水资源、食物等意识，养成良好的生活和卫生习惯，既可以直接减少生活污染，也可以通过生活方式的转变促进生产方式的绿色转型。

同时，通过学习防护知识、树立防护理念、掌握防护技能，切实加强自我健康防护，有助于减少污染暴露、降低健康风险及可能的健康危害。

如保持环境卫生可减少寄生虫、病菌等的滋生和传播，重污染天气采取科学合理的防护措施可减少暴露、保护自身健康。

保护生态环境、维护健康，人人有责

造成环境污染或生态破坏，以及产生环境健康风险的原因有很多。在发展经济的同时，保护好人类赖以生存的自然资源和生态环境，既涵盖生产方式转变和源头保护、排放控制，也包括公众生活方式改变和主动防护等；既需要政府的重视，也需要企业和社会的参与、公民的身体力行等。

公众参与

公众参与是现代环境治理体系的重要组成部分。每个公民都应从身边小事做起，从意识向意愿、行动转变，以行动促进认识提升，知行合一，做生态环境的保护者、建设者、受益者。

例如，无节制的商品消费会增加对有限自然资源的压力，商品的过度包装既浪费资源又污染环境，每个人都应树立可持续发展理念，践行简约适度、绿色低碳的生活方式，拒绝奢华和浪费，形成文明健康的生活风尚。

小常识

（1）矽肺病是因为长期过量吸入游离二氧化硅含量较高的粉尘而引起的尘肺病。

（2）生活垃圾一般可分为可回收物、厨余垃圾、有害垃圾和其他垃圾四大类。

（3）空气质量按照空气质量指数大小分为六级，指数越大、级别越高说明污染的情况越严重，对人体的健康危害也就越大。

（4）室内放置一些吊兰、绿萝可有效减少甲醛的危害。

（5）一个成年人通常每天呼吸 20000 多次，需要吸入 10~15 立方米的空气。

第一章 基本知识

（生活中哪些环境因素会对人类健康产生影响）

暴露是环境健康风险的决定因素

环境污染特别是化学物质污染造成的健康危害，一般都是人体通过呼吸道吸入、消化道摄入或皮肤接触含有有毒有害物质等而发生的，这个过程在医学上称为暴露。

暴露是环境污染造成健康危害的决定因素。不管污染物的毒性有多大，没有暴露，就不会产生健康影响。

环境危险因素的健康风险与暴露途径、暴露强度和暴露时间等密切相关。一般情况下，环境污染程度轻、暴露时间短，健康风险小。但是，长期暴露于低浓度的某些污染物，可能会造成慢性健康危害或远期健康影响。

不同人群对环境危害因素的敏感性不同

不同人群对环境中有害因素的反应存在差异，通常把对环境中有害因素反应更为敏感和强烈的人群称为易感人群。一般情况下，儿童、孕妇和老人对环境中的有害因素更敏感，应注意防范。

与普通人群相比，易感人群会在更低的暴露下出现有害效应，或者在相同环境因素变化条件下，易感人群中出现不良效应的概率更高。

遗传基因、年龄、健康状况、营养状况、生活习惯、暴露史、心理状态、保护性措施等因素影响人群的易感性。对每一个体来说，影响敏感性的因素并非一成不变，不良生活习惯会导致敏感性增强。

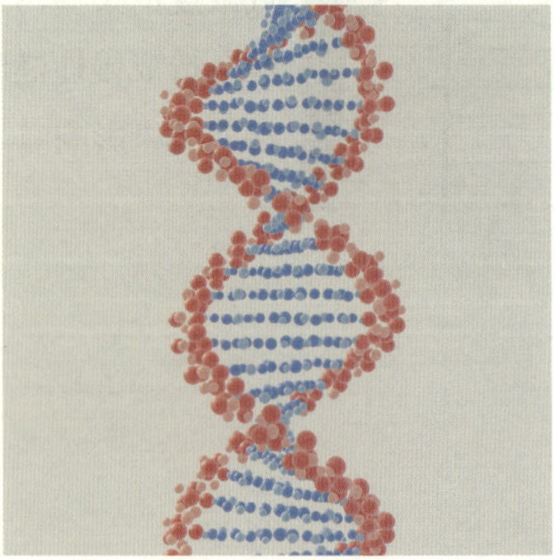

空气污染会对呼吸系统、心血管系统等造成不良影响

空气的清洁程度与人体的健康关系十分密切。人们长期生活在室内，老年人、婴幼儿等在室内的时间更长，室内空气质量对健康的重要性不言而喻。

室外的受污染空气会进入室内，使用煤炭及木柴、动物粪便、农作物秸秆等燃料在家中烹饪、取暖时，会产生大量对健康有害的物质。

吸烟所产生的烟雾也是室内空气污染的重要来源；装饰装修材料、家具等可能散发挥发性有机物（VOCs）等有毒有害物质。

如果通风不良，污染的空气容易停留在室内，对健康造成不良影响。通常，在室外空气清洁的情况下，开窗通风是改善室内空气质量的最简单有效的方法。

雾霾中的有害物质

雾霾对人体的伤害

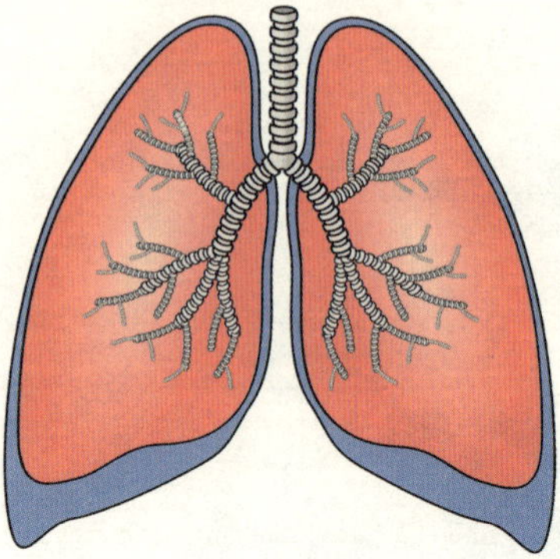

在常见的室外空气污染物中，分为气态污染物和颗粒物。其中细颗粒物（$PM_{2.5}$）是形成重污染天气的主要因素，除影响能见度外，可经呼吸道进入肺部、血液，对人体的呼吸系统、心血管系统等造成严重影响，婴幼儿、老年人、心血管疾病和呼吸系统疾病患者对其更为敏感。臭氧（O_3）和一些挥发性有机物（VOCs）对呼吸系统有刺激性，也可对心肺系统的健康造成不良影响。

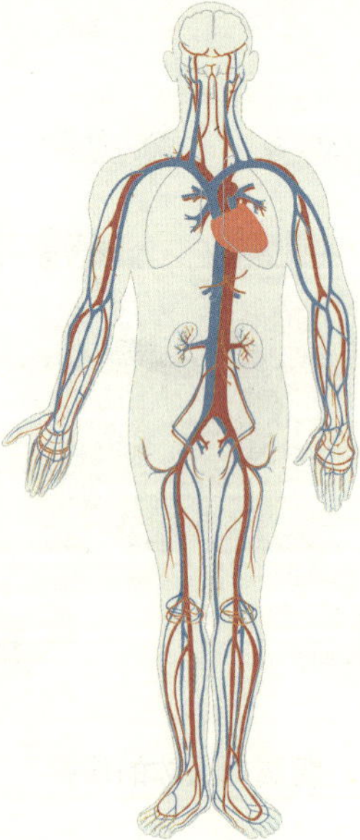

清洁水环境和安全饮用水是维护公众健康的基础

我国人均淡水资源仅为世界人均淡水量的1/4，因缺水和过量开发利用水资源，造成部分流域和地区河水枯竭、河道萎缩、湖泊干涸、地下水位下降，森林采伐、气候变化和土壤退化等因素也在不同程度上扰乱了水循环过程。

随着人口增长、社会经济发展以及人们生活水平的提高，对优质清洁淡水资源的需求与日俱增，减少排污、防治水污染、保护水生态、节约用水、合理使用水资源至关重要。

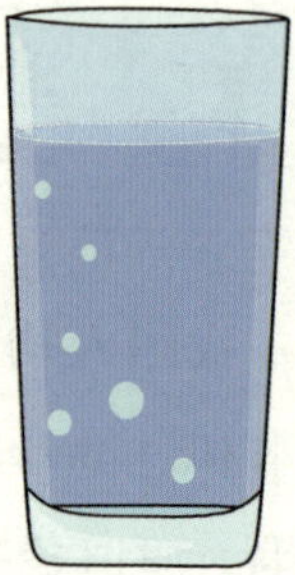

保障饮用水安全是维护公众健康的基本条件，安全的饮用水至少应满足水质合格、水量适当、容易获取等基本要求。生活饮用水安全保障包括取水、制水、供水和用水等多个环节，饮用水水源地水质是最基础的保障，应采取必要的污染防控措施，严禁任何危害水源水质的建设项目或施工活动，以及一切污染水源水质的生产、生活行为。

《中国水网》杂志指出："全世界80%以上疾病和33%的死亡与受污染的饮用水有关。"水污染除了直接导致水环境被破坏，还会影响食用水生物的人类、动物和周围的环境，提高罹患如水俣病、骨痛病、胃癌、食道癌、结石、氟中毒等疾病的概率。以下为部分水污染导致的疾病：

部分水污染导致的疾病及症状

原因	症状	可能引起的疾病
有害物质在人体器官、组织中长期积累，造成细胞组织的损害，并逐步恶化	局部疼痛、溃疡、出血、梗阻，甚至死亡	癌症（恶性肿瘤）
水中的杂质在体内积累，日积月累就会造成各种结石症	尿痛、血尿、出现尿毒症，严重者出现休克及精神神经系统症状	结石
长期饮用不洁净的水，有些污染物会沉淀在血管壁上，加速心脑血管硬化	心悸、气短、肢体无力、麻木、站立不稳、意识障碍等	心脑血管疾病（高血压、心脏病、脑血栓等）
长期饮用高氟水导致中毒	造成人体骨质疏松和软化，使人弯腰驼背，严重的还可丧失劳动能力	氟中毒

续表

原因	症状	可能引起的疾病
水中的超标重金属引发，如铅、砷、磷、钙、铬等	腹泻、泌尿系感染、神经痛、呼吸困难、痛风、肾功能紊乱等	消化、泌尿、脾经、呼吸系统疾病
水中含有“汞”，经过水生生物转化成甲基汞，通过食物链富集作用后进入人体致使人中毒	口齿不清、步履蹒跚、手足麻痹、感觉障碍、视觉丧失、震颤、手足变形，甚至神经失常，身体弯弓高叫，直至死亡	水俣病
水中含有重金属“镉”	骨骼严重畸形、剧痛，身长缩短，骨脆易折	骨痛病

土壤污染影响土壤功能和有效利用，危害公众健康

土壤污染，是指人为因素导致某种物质进入陆地表层土壤，引起土壤化学、物理、生物等方面特性的改变，影响土壤功能和有效利用，危害公众健康或者破坏生态环境的现象。土壤污染具有隐蔽性、潜在性、累积性和长期性，不易被直接感知，且不易恢复到原有状态，如重金属对土壤的污染往往难以根治。

土壤中的污染物可通过迁移进入地表水和地下水，还可通过挥发或随尘土漂浮到空气中，最终经多种暴露途径尤其食物链的传递而影响公众健康。

海洋污染危及海产品安全，影响海洋生态系统和人类健康

人类生产生活排放的废水、废物都可能进入海洋，使近岸海域环境面临的压力越来越大。

海水中过高浓度的氮、磷等营养物质会引发赤潮，而许多赤潮生物会产生赤潮毒素，改变海水中微生物群落结构，导致某些致病菌滋生，对鱼、贝类等海产品造成污染，对海洋生态系统和渔业产生不利影响。

进入海洋的某些有毒有害污染物，如持久性有机污染物（POPs），可能会被海洋生物富集，通过食物链的生物放大作用达到一定浓度，人们长期食用这类受污染的海产品，健康就会受到影响。海洋中的塑料在物理和化学等作用下，可能被破碎成微塑料，并吸附重金属和有机污染物，被浮游生物、底栖动物和鱼类等摄食后进入海洋食物链，影响各类海洋生物，进而危害人类健康。

保护生物多样性，维护生态平衡，有利于人类健康和可持续发展

生物多样性是指地球上所有的生物体，可分为遗传多样性、物种多样性和生态系统多样性等，是人类赖以生存和发展的重要物质基础。生物多样性可通过各种生态功能为人类提供能量，保护人类健康。

人口增长、耕地扩张和经济增长给生物多样性带来的压力越来越大，各种原因导致森林和自然栖息地退化，而外来入侵物种的扩张往往给原生生态系统带来干扰或破坏，使生物多样性受到严重影响。

当前，生物多样性下降的总体趋势明显，物种消失的速度越来越快，部分物种正面临灭绝的威胁。任何一种生物在自然界中都有其独特的价值，人类对生态系统造成的破坏越多，付出的代价也会越大。

气候变化对生态环境的负面影响，增加健康风险

大气层中含有微量可吸热储能的温室气体，这些气体在气候系统中扮演着重要角色，避免大气昼夜温差过大、维持地球表面温度，形成了我们所适应的气候环境。从长时间尺度看，在过去的100多万年中，气候变化受自然因素影响，其主因是周期为10万年左右的冰期—间冰期循环。

从较短时间尺度看，自工业革命以来，200 年间气候变化主因却是人类活动产生的温室气体，干扰地球微妙的能量平衡所致。人类活动通过多种方式大量排放温室气体，如二氧化碳（CO_2）、甲烷（CH_4）、氧化亚氮（N_2O）、氢氟碳化物（HFCs）、全氟碳化物（PFCs）及六氟化硫（SF_6）等，其中化石燃料如煤炭、汽油、柴油、天然气等利用过程中所产生的 CO_2 最为突出。我们可以通过优化能源结构、节能与提高能效，以及控制非能源活动温室气体排放、增加森林碳汇等途径减缓气候变化。

气候变化已经对环境产生了一系列负面影响，包括气温升高、海平面上升、冰川融化等，尽管进程还比较缓慢，但长此以往产生的影响必将不可逆转。

同时，气候变化导致的极端气候事件频次、强度都在逐渐增大，造成一系列连锁后果，如热浪、暴雨、洪水和干旱、饮用水短缺、林火等，已经直接影响人类的生活和健康。另外，气候变化可能增加高原、极地冰川和冻土中致病微生物释放的风险，对人类健康产生的潜在威胁也值得关注。

辐射无处不在，但不必谈“核”色变

我们每天都会接触到天然辐射（又称背景辐射），且接受的天然辐射总量远远大于来自核能核技术利用等人为活动的辐射量。辐射对人体造成危害的大小与人体所受的辐射剂量有关，人们日常生活中可能会接触到的辐射剂量，远远低于对人体有害的剂量。

核能核技术利用与我们的衣、食、住、行密切相关，最受关注的是核电站。与化石燃料相比，在安全运行情况下，核能是一种对环境影响极小的清洁能源，作为低碳能源的支柱正在我国快速发展。在核能开发利用过程中，有效的核安全监管工作能够保障核设施的安全，从而保障环境安全和人体健康。核电站正常运行时，对工作人员和周围居民产生的辐射剂量远远低于国家标准，不会危害人体健康。另外，核技术在农业、医学、食品保鲜、灭菌等方面也得到了广泛应用。发生辐射事故时不要恐慌，按照政府应急指挥部门的指令，及时采取防护措施或应急行动，能够保障公众健康不受到辐射伤害。

合理分类和处置生活垃圾，既保护环境也利于健康

大量生活垃圾若得不到及时妥善的处理处置，不仅会产生恶臭、滋生蚊蝇、影响周围环境卫生，还会污染土壤、地表水和地下水、空气，影响公众健康。从源头推行生活垃圾分类，把能够利用的废物及有害垃圾单独收集，对提高回收利用率和处理水平、控制生活垃圾对环境的影响都有重要作用，是建立健全绿色低碳循环发展的经济体系的重要举措。

不同垃圾投放注意事项

垃圾分类	主要包括	投放注意
可回收垃圾	纸类（报纸、传单、杂志、旧书、纸板箱及其他未受污染的纸制品等）、金属（铁、铜、铝等制品）、玻璃（玻璃瓶罐、平板玻璃及其他玻璃制品）、棉麻布类、除塑料袋外的塑料制品（泡沫塑料、塑料瓶、硬塑料等）、橡胶及橡胶制品、牛奶盒等利乐包装、饮料瓶（可乐罐、塑料饮料瓶、啤酒瓶等）等	①轻投轻放；清洁干燥，避免污染；②废纸尽量平整；③立体包装物请清空内容物，清洁后压扁投放；④有尖锐边角的，应包裹后投放
有害垃圾	电池（蓄电池、纽扣电池等）、废旧电子产品、废旧灯管灯泡、过期药品、过期日用化妆品、染发剂、杀虫剂容器、除草剂容器、废弃水银温度计、废油漆桶、废打印机墨盒、硒鼓等	①电池、废旧电子产品投放时请注意轻放；②油漆桶、杀虫剂等如有残留请密闭后投放；③废旧灯管灯泡等易破损，请连带包装或包裹后轻放；④废药品等连带包装一并投放

续表

垃圾分类	主要包括	投放注意
餐厨垃圾（湿垃圾）	剩菜剩饭与西餐糕点等食物残余、菜梗菜叶、动物骨骼内脏、茶叶渣、水果残余、果壳瓜皮、盆景等植物的残枝落叶、废弃食用油等。其主要来源为家庭厨房、餐厅、饭店、食堂、市场及其他与食品加工有关的行业	①纯流质的食物垃圾，如牛奶等，应直接倒进下水口； ②有包装物的湿垃圾应将包装物去除后分类投放，包装物请投放到对应的可回收物或干垃圾容器
其他垃圾（干垃圾）	受污染与无法再生的纸张（纸杯、照片、复写纸、压敏纸、收据用纸、明信片、相册、卫生纸、尿片等）、受污染或其他不可回收的玻璃、塑料袋与其他受污染的塑料制品、废旧衣物与其他纺织品、破旧陶瓷品、妇女卫生用品、一次性餐具、贝壳、烟头、灰土等	①尽量沥干水分； ②难以辨识类别的生活垃圾投入干垃圾容器内

保持生活环境的卫生可减少疾病的发生与传播

造成环境卫生状况恶化的原因大都是人为的。保持环境卫生，减少环境介质（如空气、水、土壤）中寄生虫、致病菌和病毒等污染，切断它们与人的接触途径，可以减少疾病的发生。

要保持居住地及周围环境清洁，注意清理居民集中区域内积水，及时清理生活垃圾、人畜粪便、动物尸体，经常清扫卫生死角，尽量保持住宅、畜棚内外清洁干燥，减少寄生虫、病菌繁殖的机会。要使用卫生厕所、管理好人畜粪便。禁止随地大小便，家禽家畜应圈养，不让其粪便污染环境及水源。

工作和生活中不当使用或处置有毒有害物质，会带来潜在健康风险

有毒有害物质指在其生产、使用或处置过程中，对人、其他生物或环境带来潜在危害的物质，重金属及其化合物是较为常见的一类有毒有害物质。

涉及有毒有害物质相关工作的人群，应树立职业健康防护观念，了解工作岗位中的危险因素及劳动者的权利和义务，按照职业卫生防护的要求加强个人防护，坚持使用过滤式防尘、防烟口罩，穿工作服，饭前洗手，不在车间内进食，注意防止把作业场所中受污染的物品包括工作服等带回家。以重金属铅为例，不要在铅作业场所为孩子哺乳，不要带儿童到铅作业工厂附近散步、玩耍，直接从事铅作业的家庭成员下班前须更换工作服和洗澡，不要将工作服和儿童衣服一起洗涤等。

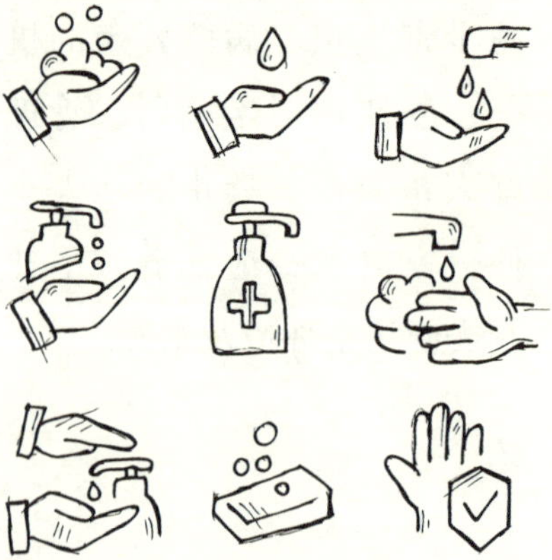

家用化学品泛指在家庭中使用的一大类化学物品，包括化妆品、洗涤剂、粘合剂、涂料、家用杀虫驱虫剂、气溶胶产品等。家用化学品中可能含有有毒有害物质，这些物质会通过不同途径与人体接触。应仔细阅读产品标签及说明书，了解正确的使用方法。应将家用化学品放置在远离食物和水，以及儿童接触不到的地方。不要使用装过这类化学品的容器来储存其他物品，尤其食物和水。另外，大多数家庭存有备用药品，一旦过期，其化学成分、有效性、毒性等都可能发生改变，服用后可能对健康构成多重风险，随便丢弃也可能对环境造成污染。

噪声污染干扰正常生活，影响身体健康

人类活动所产生的干扰周围生活环境的声音，我们称之为环境噪声。通常情况下，强度不大、持续时间有限的环境噪声不会对人体产生明显的健康危害，但是会影响人们正常的生活、工作和学习。不同声强的声音对人的影响不同，较大的噪声会造成人的暂时性或永久性听力损伤。

除交通噪声、工业噪声、建筑施工噪声外，商业及娱乐等公共场所、家庭生活等产生的社会生活噪声也是环境噪声污染的重要来源。

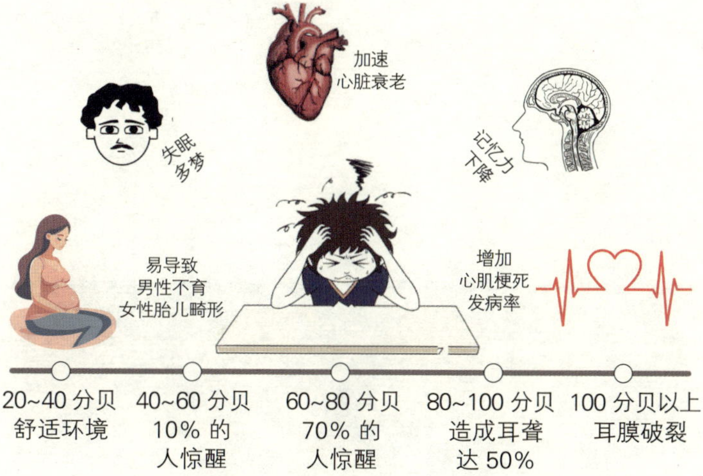

第二章

基本行为和技能

践行公民生态环境行为规范

践行公民生态环境行为规范，减少污染产生

每个人都应树立保护生态环境、维护身体健康的意识，规范自己的社会行为，遵守生态环境保护法律法规，在生活和生产活动中不污染和破坏生态环境，有序参与生态环境监督，努力成为生态环境保护的参与者、环境问题的监督者、绿色生活的践行者，以实际行动减少能源资源消耗和污染排放，为生态文明建设作出贡献。

做到不焚烧垃圾、秸秆，少烧散煤，少燃放烟花爆竹，少用含磷洗涤剂，科学合理使用化肥农药，避免噪声扰民。节约资源能源，合理控制室内空调温度，夏季不低于 26℃，冬季不高于 20℃；及

时关闭电器电源、拔下空闲电器的电源插头，多走楼梯少乘电梯，人走关灯；选购节水龙头、节水马桶、节水洗衣机等节水产品；按需点餐，餐后打包；绿色办公，节约用纸。

选择低碳出行，践行绿色消费

选择低碳出行，家庭用车应优先选择新能源汽车或节能型汽车。尽量减少使用私家车，优先步行、骑行或公共交通出行，多使用共享交通工具等绿色低碳出行方式。消费者可优先选择绿色产品，尽量购买耐用品，少购买使用一次性用品，邮寄快递时使用绿色包装、减量包装。购物时使用环保购物袋，减少使用塑料购物袋等一次性塑料制品，提倡回收塑料瓶等行为。

掌握生活垃圾分类知识，正确分类投放垃圾

按照当地要求分类投放垃圾，不乱扔、乱放，为创造整洁优美、卫生有序的环境，促进资源节约、循环利用贡献一份自己的力量。分类原则主要包括：可回收与不可回收分开；可燃物与不可燃物分开；干垃圾与湿垃圾分开；有害垃圾（如废药品、废荧光灯管、废电池等）与一般垃圾分开。

垃圾分类顺口溜

残羹剩饭瓜果皮，菜叶内脏绿桶进；
玻璃金属可乐瓶，纸盒塑料蓝桶进；
电池药品杀虫剂，日化用品红桶进；
尿片瓷片香烟蒂，快餐用品灰桶进。
红绿蓝灰要分清，文明行为多给力。
品质生活节节高，子孙后代感谢您。

保护野生动植物，革除陋习

关注濒危动植物生存状况，保护珍稀、濒危野生动植物。猎捕或杀害国家重点保护野生动物，会加速濒危动物的灭绝和生物多样性的丧失。

不食用野生动植物。野生动植物可能携带各种病原微生物，成为某些传染病的传播媒介。

爱护山水林田湖草沙生态系统，不破坏野生动植物栖息地，不随意进入自然保护区，不在自然保护区内进行砍伐、放牧、狩猎、捕捞、采药、开垦、烧荒、开矿、采石、挖沙等违法活动。

主动了解生态环境信息和法律法规标准，学习环境健康风险防范知识

行动源于关注，主动了解生态环境保护相关法律法规、生态环境标准、政府和企业发布的生态环境信息，学习生态环境科学知识、环境健康风险防范知识等，时常关注环境质量信息，对于指导日常生产生活具有重要意义。学习了解安全、风险、暴露等基本概念，以及相应防护措施和技能知识，是了解、判断或甄别环境健康风险信息的基础，也是正确采取防范措施的前提。“环境有价，损害担责”是社会共识，违反法律法规造成生态环境损害的单位或个人要依法承担行政责任、刑事责任和赔偿责任，每个公民都应学法、知法、守法。

会识别常见的危险标识及生态环境保护警示标志，保护自身健康和安全

危险标识（警示标志）的基本形式是黑色等边三角形、顶角向上，标识的背景颜色为黄色，中间图形是黑色。使用危险标识（警示标志）的目的是提醒人们注意周围环境，以避免可能发生的危险。

环境保护图形标志

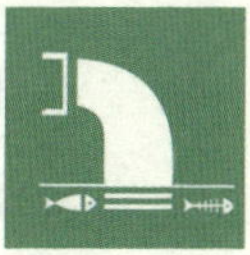
污水排放口

污水排放口

废气排放口

废气排放口

噪声排放源

噪声排放源

一般固体废物

一般固体废物

危险废物

危险废物

必须保持清洁

根据环境空气质量信息和个人、居家情况，采取有效防护措施

目前，我国环境空气质量标准中关注的污染物包括颗粒物（$PM_{2.5}$、PM_{10}）、一氧化碳（CO）、臭氧（O_3）、二氧化氮（NO_2）和二氧化硫（SO_2）等。环境空气质量指数（AQI）是对照以上各项污染物的分级浓度限值分别计算，选择最大计算值确定的。AQI 的数值越大、级别和类别越高、表征颜色越深，说明空气污染状况越严重。

采取有效个体防护措施（佩戴口罩、使用空气净化器等）可降低重污染天气的健康危害。重污染天气对所有人群都有健康危害，儿童、孕妇、老人及患有呼吸系统疾病和心血管疾病的人群是重点人群，要特别注意加强个人健康防护，应尽量待在室内，避免户外锻炼或减少出行；外出时可佩戴具有防护功能的口罩；外出回来要及时清洗面部、鼻腔及裸露的皮肤等。

不同空气质量采取的措施

空气质量指数	空气质量指数级别	空气质量指数类别及表示颜色		对健康影响情况	建议采取的措施
0~50	一级	优	绿色	空气质量令人满意，基本无空气污染	各类人群可正常活动
51~100	二级	良	黄色	空气质量可接受，但某些污染物可能对极少数异常敏感人群健康有较弱影响	极少数异常敏感人群应减少户外活动
101~150	三级	轻度污染	橙色	易感人群症状有轻度加剧，健康人群出现刺激症状	儿童、老年人及心脏病、呼吸系统疾病患者应减少长时间、高强度的户外锻炼
151~200	四级	中度污染	红色	进一步加剧易感人群症状，可能对健康人群心脏、呼吸系统有影响	儿童、老年人及心脏病、呼吸系统疾病患者避免长时间、高强度的户外锻炼，一般人群适量减少户外运动

续表

空气质量指数	空气质量指数级别	空气质量指数类别及表示颜色		对健康影响情况	建议采取的措施
201~300	五级	重度污染	紫色	心脏病和肺病患者症状显著加剧，运动耐受力降低，健康人群普遍出现症状	儿童、老年人和心脏病、肺病患者应停留在室内，停止户外运动，一般人群减少户外运动
>300	六级	严重污染	褐红色	健康人群运动耐受力降低，有明显强烈症状，提前出现某些疾病	儿童、老年人和病人应当留在室内，避免体力消耗，一般人群应避免户外活动

发生环境污染事件并可能危害健康时，按照政府部门和专业人员的指导应对

安全生产事故、交通事故导致有毒有害物质泄漏和企业违法排污行为，是环境污染导致健康损害事件中的常见原因。出现有毒有害物质泄漏或排放危害自身健康情况时，不要惊慌失措，不要传播谣言，更不要围观现场，应及时向当地有关部门和医疗急救中心报告，并按照政府有关部门或专业人员指导采取防护措施或应急行动。例如，不同有毒有害气体泄漏时，自救与逃生方法有很大差异，应听从政府或应急部门指挥，选择正确的逃生方法，快速撤离现场。

通过“12345”举报污染环境、破坏生态、影响公众健康的违法行为

当发现污染环境、破坏生态、影响公众健康的违法行为时，可以及时劝阻、制止或向“12345”平台举报。通过“12345”平台举报时，举报人应该掌握如下要领：

★快。发现事件后，快速拨打电话，使事件在发生之初即得到有效的控制和处理。

★准。尽可能客观描述所报告事件，不要夸大其词，以免影响相关部门对问题性质的判断，不利处理。

★全。要讲清楚事发的具体地点、时间、举报人联系方式等，这样不仅有利于工作人员到现场进行检查，也便于有关部门及时回复举报人处理结果。

主动参与生态环境保护，维护公共环境权利和个人健康权益

积极参与生态环境保护，监督政府环境管理和企业环境行为，为维护公共环境权利、保护公众健康而采取行动。选择合理合法的方式和途径，维护个人健康权益。例如，当怀疑因环境污染而受到健康危害时，可主动到当地医疗机构做健康检查并积极治疗，保存好相关资料，以备维权，同时可通过与污染责任者协商或依法提起诉讼等方式解决问题，注意根据实际情况选择合法、便利的解决途径。

第四章

《公民生态环境行为规范十条》

《公民生态环境行为规范十条》

《公民生态环境行为规范十条》发布的意义

正确理解《公民生态环境行为规范十条》

第一节 《公民生态环境行为规范十条》

2023年5月31日，《公民生态环境行为规范十条》发布，成为全国层面首个针对公民的较为全面的生态环境行为规范，被称为《公民十条》。《公民十条》自发布实施以来，通过宣传引导和政策推动，对提升公民生态文明意识、增强公民践行绿色低碳行为的自觉性和主动性发挥了积极作用。

《公民生态环境行为规范十条》

第一条 关爱生态环境。及时了解生态环境政策法规和信息，学习掌握环境污染治理、生物多样性保护、应对气候变化等方面科学知识和技能，提升自身生态文明素养，牢固树立生态价值观。

第二条 节约能源资源。拒绝奢侈浪费，践行光盘行动，节约用水用电用气，选用高能效家电、节水型器具，一水多用，合理设定空调温度，及时关闭电器电源，多走楼梯少乘电梯，纸张双面利用。

第三条 践行绿色消费。理性消费、合理消费，优先选择绿色低碳产品，少购买使用一次性用品，外出自带购物袋、水杯等，闲置物品改造利用或交流捐赠。

第四条 选择低碳出行。优先步行、骑行或公共交通出行，多使用共享交通工具，家庭用车优先选择新能源汽车或节能型汽车。

第五条　分类投放垃圾。学习并掌握垃圾分类和回收利用知识，减少垃圾产生，按标识单独投放有害垃圾，分类投放其他垃圾，不乱扔、乱放。

第六条　减少污染产生。不露天焚烧垃圾，少烧散煤，多用清洁能源，少用化学洗涤剂，不随意倾倒污水，合理使用化肥农药，不用超薄农膜，避免噪声扰邻。

第七条　呵护自然生态。尊重自然、顺应自然、保护自然，像保护眼睛一样保护生态环境，积极参与义务植树，不购买、不使用珍稀野生动植物制品，拒食珍稀野生动植物，不随意引入、丢弃或放生外来物种。

第八条　参加环保实践。积极传播生态文明理念，争做生态环境志愿者，从身边做起，从日常做起，影响带动其他人参加生态环境保护实践。

第九条　参与环境监督。遵守生态环境法律法规，履行生态环境保护义务，积极参与和监督生态环境保护工作，劝阻、制止或曝光、举报污染环境、破坏生态和浪费粮食的行为。

第十条 共建美丽中国。坚持简约适度、绿色低碳、文明健康的生活与工作方式，自觉做生态文明理念的模范践行者，共建人与自然和谐共生的美丽家园。

第二节 《公民生态环境行为规范十条》发布的意义

《公民生态环境行为规范十条》的发布具有深远的意义，旨在引领公民践行生态环境保护义务和责任，成为生态文明理念的积极传播者和模范践行者。这一规范的目的是推动形成人与自然和谐共生的现代化建设新格局，倡导简约适度、绿色低碳的生活方式，共建天蓝、地绿、水清的美丽中国。

具体来说，该规范包括关注生态环境、节约能源资源、践行绿色消费、选择低碳出行、分类投放垃圾、减少污染产生、呵护自然生态、参加环保实践、参与监督举报、共建美丽中国等十个方面，涵盖了公共行为和个人行为，如环境监督、垃圾分类、食品选择、能源使用等，为公民在日常生活和工作中可能涉及的各种生态环境行为提供了具体的操作指南和标准。这不仅有助于丰富公民的生态环保知识和技能，还能促进公民养成良好的生态环保意识和行为习惯。

该规范的发布紧密配合党的二十大精神，强化了公民生态环境意识，引导公民成为生态文明的践行者和美丽中国的建设者，对于推动形成人与自然和谐发展现代化建设新格局具有重要意义。

第一条　关爱生态环境

及时了解生态环境政策法规和信息，学习掌握环境污染治理、生物多样性保护、应对气候变化等方面科学知识和技能，提升自身生态文明素养，牢固树立生态价值观。

“了解生态环境政策法规和信息，学习掌握环境污染治理、生物多样性保护、应对气候变化等方面科学知识和技能”，了解这些内容的途径除了《新闻联播》，还应关注生态环境部、自然资源部、国家林业和草原局的官网、微博、微信公众号等。

第二条 节约能源资源

拒绝奢侈浪费，践行光盘行动，节约用水用电用气，选用高能效家电、节水型器具，一水多用，合理设定空调温度，及时关闭电器电源，多走楼梯少乘电梯，纸张双面利用。

用实际行动践行绿色环保的生活。根据食量点餐，过多饮食对身体造成负担的同时，吃不完导致的食物浪费也不可取。购买家电注意电器上贴的能效表，一般低能效家电价格相对便宜，但是考虑长期使用对电费的缴纳，推荐大家购买高能效、低能耗家电。洗碗水，可以用来浇花、冲厕所，半小时以上不用的电器及时关闭，同时建议对不使用的插头拔除，兼顾节能的同时保障安全。

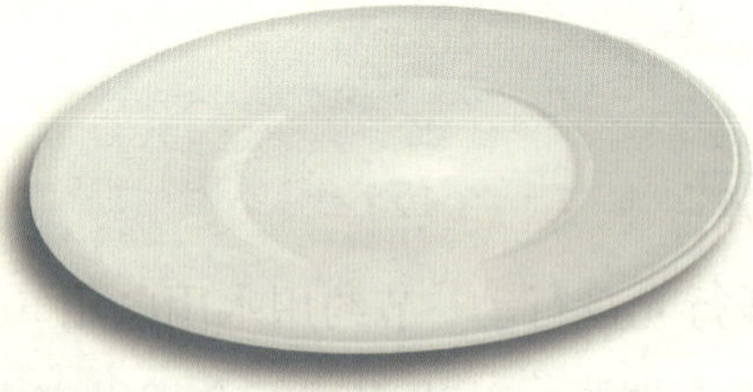

- 按需点菜
- 在食堂按需打饭
- 在家按需做饭

第三条 践行绿色消费

理性消费、合理消费，优先选择绿色低碳产品，少购买使用一次性用品，外出自带购物袋、水杯等，闲置物品改造利用或交流捐赠。

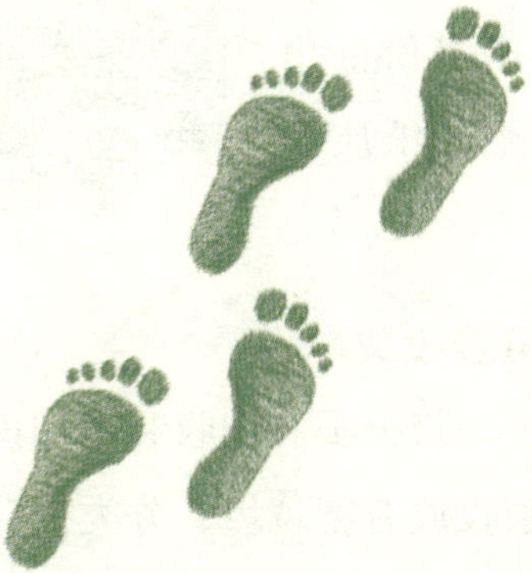

对于水果、蔬菜、粮食等不易保存食物，建议按需求量进行购买，长期囤放可能造成食物腐败变质，即使不变质，此类产品的营养也会流失。药品、化妆品、洗护日用品虽然有较长的保质期，但是购买后长期不用容易遗忘，往往导致过期后无法使用，建议定期少量购买。

买菜时可以携带布制袋或竹编篮，美观实用，可多次重复利用。

第四条　选择低碳出行

优选步行、骑行或公共交通出行，多使用共享交通工具，家庭用车优先选择新能源汽车或节能型汽车。

对于有地铁地区建议地铁出行，长途选高铁出行时尽量选择刷身份证出行，减少无必要的纸质票据浪费资源。

第五条　分类投放垃圾

学习并掌握垃圾分类和回收利用知识，减少垃圾产生，按标识单独投放有害垃圾，分类投放其他垃圾，不乱扔、乱放。

垃圾分类时，应注意在家专门盛放果皮、厨余垃圾的塑料袋不能放进厨余垃圾箱。药品、电池等有害垃圾也要注意分类。

第六条 减少污染产生

不露天焚烧垃圾，少烧散煤，多用清洁能源，少用化学洗涤剂，不随意倾倒污水，合理使用化肥农药，不用超薄农膜，避免噪声扰邻。

农村地区建议减少秸秆、垃圾等的焚烧。积极参加农技站工作人员以村为单位的培训，了解科学种田知识，推广绿色农业，减少化肥、农药、地膜的使用。

第七条 呵护自然生态

尊重自然、顺应自然、保护自然，像保护眼睛一样保护生态环境，积极参与义务植树，不购买、不使用珍稀野生动植物制品，拒食珍稀野生动植物，不随意引入、丢弃或放生外来物种。

对认识野生动植物，做到不使用、不食用的同时，如若发现周围有盗猎、使用、食用野生动植物情形，积极联系相关部门进行举报。建议不购买异宠，如若购买不要随意丢弃或放生。

第八条　参加环保实践

积极传播生态文明理念，争做生态环境志愿者，从身边做起，从日常做起，影响带动其他人参加生态环境保护实践。

利用节假日积极参加环境公益活动，提升公民保护环境的参与度，自发加入志愿者活动中。

第九条　参与环境监督

遵守生态环境法律法规，履行生态环境保护义务，积极参与和监督生态环境保护工作，劝阻、制止或曝光、举报污染环境、破坏生态和浪费粮食的行为。

《中华人民共和国环境保护法》及相关环境法可通过生态环境部的官网查询，也可通过最高法、

司法部官网进行查询。对环境违法行为进行举报时要注意留有照片或视频作为证据，同时需要记录明确的时间、

地点，污染或破坏行为的后果、行为人人数等具体情况。同时要注意保护自身安全，建议发现违法行为后，及时向环境主管部门或者驻地公安机关反映。

第十条 共建美丽中国

坚持简约适度、绿色低碳、文明健康的生活与工作方式，自觉做生态文明理念的模范践行者，共建人与自然和谐共生的美丽家园。

加强生态文明理念的宣传引导，认识到人类只有一个地球，我们对这个星球上的生态系统有着永远摆脱不

了的依赖性，需要地球源源不断地提供食物、水和氧气来维持生命的存在，需要有足够厚度的大气层，来保护人类不受过高或过低气温以及过量紫外线的伤害，如果地球没有了绿色，这一切将不复存在。